科学使用生物农药

农业部农药检定所　编

中国农业大学出版社
·北京·

图书在版编目（CIP）数据

科学使用生物农药/农业部农药检定所编. --北京：中国农业大学出版社，2013.1

ISBN 978-7-5655-0665-9

I.①科… II.①农… III.①生物农药-基本知识 IV.①S482.1

中国版本图书馆CIP数据核字（2013）第011934号

书　　名	科学使用生物农药		
作　　者	农业部农药检定所　编		
责任编辑	张　蕊　张　玉	**责任校对**	陈　莹　王晓凤
封面设计	郑　川		
出版发行	中国农业大学出版社		
社　　址	北京市海淀区圆明园西路2号	**邮政编码**	100193
电　　话	发行部 010-62818525,8625	读者服务部	010-62732336
	编辑部 010-62732617,2618	出　版　部	010-62733440
网　　址	http://www.cau.edu.cn/caup	**e-mail:**	cbsszs@cau.edu.cn
印　　刷	北京国防印刷厂		
版　　次	2013年1月第1版	2013年1月第1次印刷	1-10000
		2013年6月第2次印刷	1-10000
		2014年4月第3次印刷	1-20000
		2015年4月第4次印刷	1-18000
规　　格	880×1230　32开本	1印张	27千字
定　　价	8.00元		

图书如有质量问题本社发行部负责调换

科学使用生物农药
编辑委员会

前　言

生物农药源于自然，使用后“回归自然”，相对化学农药而言，对人畜毒性较低、对环境的相容性更好。减少化学农药使用，大力推广生物农药，有助于实现农药产业与社会的和谐发展，有利于促进生态文明建设，也是保障粮食安全、农产品质量安全和环境安全的需要。国家十分重视农产品质量安全。2012年，中共中央、国务院把“大力推广低毒低残留农药”写入中央一号文件。农业部设立了“低毒生物农药示范推广补贴项目”，组织地方农业部门通过开展生物农药宣传培训、购买补贴等方式，大力推广使用生物农药，已产生了初步成效。但因生物农药使用成本较高、防治对象单一、药效相对较慢、使用技术要求较高等原因，在农业生产实际中农民广泛接受还需要有一个较长的过程。

为了做好生物农药的宣传培训，普及生物农药基本知识，提高生物农药应用水平，编者针对我国农业生产和农民用药的实际情况，采用通俗化的语言和图文并茂的形式，组织编写了《科学使用生物农药》科普读物。

本书在编写过程中，农业部种植业管理司给予了大力支持与精心指导，得到了低毒生物农药示范推广补贴项目资助，项目试点单位、部分农民合作社、农作物病虫害专业化防治组织为本书编写提出了建设性的修改意见，在此表示衷心感谢。

由于编者水平有限，加之编写时间仓促，肯定存在不少遗漏和不足，恳请各位批评指正。

编　者

二〇一二年十一月

目　录

第一章 什么是生物农药

生物农药主要指以动物、植物、微生物本身或者它们产生的物质为主要原料加工而成的农药。考虑到矿物源农药对人畜毒性较低、对环境友好，本书中把以矿物质为主要原料的农药也归属为生物农药。

生物农药大致可以分为七类：

一是植物源农药，主要原料直接来源于植物体。如苦参碱、印楝素。

二是微生物源农药，主要原料为活的细菌、真菌、病毒等。如白僵菌、甜菜夜蛾核型多角体病毒。

三是矿物源农药，主要原料为自然界的矿物质。如矿物油、硫磺。

四是天敌生物农药，主要为自然界本身存在、同时对病虫害有防治效果的人工繁殖动物。如松毛虫赤眼蜂、平腹小蜂。

五是生物化学农药，主要原料在生物体中已经存在，对病虫害没有直接毒性，通过调节、干扰作物或病虫害的生长发育起作用。如芸苔素内酯、赤霉酸、诱虫烯。

六是蛋白或寡聚糖类农药，使用后能诱导植物对病害产生抗性。如氨基寡糖素、几丁聚糖、香菇多糖等。

七是农用抗生素类农药，主要原料是由微生物发酵产生的。如春雷霉素、宁南霉素、阿维菌素。

第二章　使用生物农药有哪些好处

与化学农药相比较，生物农药源于自然，对人畜毒性较低、对环境的相容性更好。

一、对人畜比较安全。绝大多数生物农药为低毒或微毒，不易对使用者产生毒害。

二、更利于农产品质量安全。生物农药容易分解，不易污染农产品，生产的农产品质量有保证，安全放心。

三、环境污染小，不会破坏生态平衡。大部分生物农药选择性强，只对防治的害虫有效，不伤害蜜蜂、鸟、鱼、青蛙，而且容易分解，用后又回归到了自然界。

四、选择性强，防治对象相对单一。病毒、性诱剂等农药，只对相对应的病虫害起作用。例如，甜菜夜蛾核型多角体病毒只能对甜菜夜蛾起防治作用，斜纹夜蛾核型多角体病毒仅能防治斜纹夜蛾。

五、不易产生抗药性。矿物源农药、植物源农药和生物化学农药，利用自然界中的物质防治病虫害，像中药防治人体疾病一样，治标更“治本”，不易产生抗药性，使用多年一样有效。

第三章 怎样科学使用生物农药

生物农药作为一类特殊农药，与化学农药相比，使用技术要求较高，在实际选购和使用过程中，应当着重看清标签内容，根据不同种类生物农药的具体特点采用恰当的使用方法和技术，保证生物农药药效得以充分发挥。

一、微生物农药

1.掌握温度。微生物农药的活性与温度直接相关，使用环境的适宜温度应当在15℃以上，30℃以下。低于适宜温度，所喷施的生物农药，在害虫体内的繁殖速度缓慢，而且也难以发挥作用，导致产品药效不好。通常，微生物农药在20～30℃条件下防治效果比在10～15℃间高出1～2倍。

2.把握湿度。微生物农药的活性与湿度密切相关。农田环境湿度越大，药效越明显，粉状微生物农药更是如此。最好在早晚露水未干时施药，使微生物快速繁殖，起到更好的防治效果。

3.避免强光。紫外线对微生物农药有致命的杀伤作用，阳光直射30分钟和60分钟，微生物死亡率可达到50%和80%以上。最好选择阴天或傍晚施药。

4.避免雨水冲刷。喷施后遇到小雨，有利于微生物农药中活性组织的繁殖，不会影响药效。但暴雨会将农作物上喷施的药液冲刷掉，影响防治效果。要根据当地天气预报，适时施药，避开大雨和暴雨，以确保杀虫效果。

另外，病毒类微生物农药专一性强，一般只对一种害虫起作用，对其他害虫完全没有作用，如小菜蛾颗粒体病毒只能用于防治小菜蛾。使用前要先调查田间虫害发生情况，根据虫害发生情况合理安排防治时期，适时用药。

二、植物源农药

植物源农药与化学农药对于农作物病虫害的防治表现，与人类服用中药与西药后的表现相似。使用植物源农药，应当掌握以下要点：

1.预防为主。发现病虫害及时用药，不要等病虫害大发生时才防治。植物源农药药效一般比化学农药慢，用药后病虫害不会立即见效，施药时间应较化学农药提前2~3天，而且一般用后2~3天才能观察到其防效。

2.与其他手段配合使用。病虫害危害严重时，应当首先使用化学农药尽快降低病虫害的数量、控制蔓延趋势，再配合使用植物源农药，实行综合治理。

3.避免雨天施药。植物源农药不耐雨水冲刷，施药后遇雨应当补施。

三、矿物源农药

目前常用的矿物源农药为矿物油、硫磺等。使用时注意以下几点：

1.混匀后再喷施。最好采用二次稀释法稀释，施药期间保持振摇施药器械，确保药液始终均匀。

2.喷雾均匀周到。确保作物和害虫完全着药，以保证效果。

3.不要随意与其他农药混用。以免破坏乳化性能，影响药效，甚至产生药害。

四、生物化学农药

生物化学农药是通过调节或干扰植物（或害虫）的行为，达到施药目的。

（一）性诱剂

性诱剂不能直接杀灭害虫，主要作用是诱杀（捕）和干扰害虫正常交配，以降低害虫种群密度，控制害虫过快繁殖。因此，不能完全依赖性诱剂，一般应与其他化学防治方法相结合。如使用桃小食心虫性诱芯时，可在蛾峰期田间初见卵时结合化学药剂防治。

1.开包后应尽快使用。性诱剂产品易挥发，需要存放在较低温度的冰箱中；一旦打开包装袋，应尽快使用。

2.避免污染诱芯。由于信息素的高度敏感性，安装不同种害虫的诱芯前，需要洗手，以免污染。

3.合理安放诱捕器。诱捕器放的位置、高度以及气流都会影响诱捕效果。如斜纹夜蛾性诱剂，适宜的悬挂高度为1~1.5米；保护地使用可依实际情况而适当降低；小白菜类蔬菜田应高出作物0.3~1米；高秆类蔬菜田可挂在支架上；大棚类作物可挂在棚架上。

4.按规定时间及时更换诱芯。

5.防止危害益虫。使用信息素要防止对有益昆虫的伤害。如金纹细蛾性诱芯对壁蜂有较强的诱杀作用，故果树花期不宜使用。用于测报时，观测圃及邻近的果园果树花期不宜放养壁蜂和蜜蜂。

（二）植物生长调节剂

1.选准品种适时使用。植物生长调节剂会因作物种类、生长发育时期、作用部位不同而产生不同的效应。使用时应按产品标签上的功能选准产品，并严格按标签标注的使用方法，在适宜的使用时期使用。

2.掌握使用浓度。植物生长调节剂并非“油多不坏菜”。要严格按标签说明浓度使用，否则会得到相反的效果。如生长素在低浓度是促进根系生长，较高浓度反而抑制生长。

3.药液随用随配以免失效。

4.均匀使用。有些调节剂如赤霉素，在植物体内基本不移动，如同一个果实只处理一半，会导致处理部分增大,造成畸形果。在应用时注意喷布要均匀细致。

5.不能以药代肥。即使是促进型的调节剂，也只能在肥水充足的条件下起作用。

五、蛋白类、寡聚糖类农药

该类农药（如氨基寡糖素、几丁聚糖、香菇多糖、低聚糖素等）为植物诱抗剂，本身对病菌无杀灭作用，但能够诱导植物自身对外来有害生物侵害产生反应，提高免疫力，产生抗病性。使用时需注意以下几点：

1.应在病害发生前或发生初期使用。病害已经较重时应选择治疗性杀菌剂对症防治。

2.药液现用现配，不能长时间储存。

3.无内吸性，注意喷雾均匀。

六、天敌生物

目前应用较多的是赤眼蜂和平腹小蜂。提倡大面积连年放蜂，面积越大防效越好，放蜂年头越多，效果越好。使用时需注意：

1.合理存放。拿到蜂卡后要在当日上午放出，不能久储。如果遇到极端天气，不能当天放蜂，蜂卡应分散存放于阴凉通风处，不能和化学农药混放。

2.准确掌握放蜂时间。最好结合虫情预测预报，使放蜂时间与害虫产卵时间相吻合。

3.与化学农药分时施用。放蜂前5天、放蜂后20天内不要使用化学农药。

七、抗生素类农药

抗生素类农药的使用同化学农药，如阿维菌素、多杀霉素等。但部分抗生素类杀菌剂不太稳定,不能长时间储存，如井冈霉素，容易发霉变质。药液要现配现用，不能储存。某些抗生素农药如春雷霉素、井冈霉素等不能与碱性农药混用，农作物撒施石灰和草木灰前后，也不能喷施。

第四章　如何简易识别生物农药

近年来，一些不法的厂家商家“挂羊头卖狗肉”，用化学农药冒充生物农药，欺骗农民朋友。使用者要炼就“火眼金睛”，购买名副其实的生物农药。我们需要了解一些生物农药产品的特点，在“农药识假辨劣知识”基础上，根据生物农药的类别、产品的标签内容对生物农药的真假做出初步判断。

一、看产品包装规格

植物源、矿物源、微生物、蛋白类和寡聚糖类等生物农药，一般使用量大、包装规格大，包装规格在50毫升（克）以内的，很可能为假药。

植物生长调节剂（如芸苔素内酯、吲哚乙酸等）和性诱剂用量小，包装规格在100毫升（克）以上的，很可能为假药。

二、观察产品剂型

很多生物农药因为自身特点，只能做成固定的几种剂型，如苏云金杆菌产品，只有可湿性粉剂、悬浮剂、水分散粒剂几种剂型；蛋白类和寡聚糖类等主要做成水剂。购买前，先看标签上标注的剂型，袋装农药用手摸一下，仔细观察产品外观，必要时观察产品兑水稀释后的状态。如水剂产品对水后成为乳白色液体，则可能为假农药。

三、看产品适用范围

病毒类、性诱剂等生物农药一般只对一种害虫起作用，如果标明这类农药有多种用途，则产品可能有假。

四、看产品标注使用量

植物源、矿物源、微生物、蛋白类和寡聚糖类等生物农药使用量较大，一般稀释倍数在500倍以下。如产品标明每亩用量在几十毫升（克），或者稀释倍数在1000倍以上，则产品很可能有假。

五、看产品药效表述

植物源、矿物源、微生物、蛋白类和寡聚糖类等生物农药效果较慢，如标称作用迅速、有速效，则产品可能有假。

六、看产品有效期

微生物农药有效成分为活体生物，不耐贮存，保质期一般为半年至一年。如果这类产品标明有效期为二年，则产品很可能有假。

七、对比价格

价格明显高于同类生物农药的，很可能非法添加了其他农药；价格明显低于同类生物农药的，很可能偷工减料。这样的产品要谨慎购买。

特别提示：无论生物农药还是化学农药，选购时最好要求经销商登陆中国农药信息网或查阅《农药登记管理信息汇编》，提供官方信息，确认标签上的产品名称、有效成分种类和含量、防治对象、生产企业与登记完全一致才能购买。

附录一：

生物农药主要品种名单

类别	活性	品种	有效成分种类
微生物农药	杀虫	23	细菌：苏云金杆菌、球形芽孢杆菌、枯草芽孢杆菌、蜡质芽孢杆菌、地衣芽孢杆菌、荧光假单胞杆菌、多粘类芽孢杆菌、短稳杆菌
			真菌：金龟子绿僵菌、球孢白僵菌、哈茨木霉菌、木霉菌、淡紫拟青霉、厚孢轮枝菌、耳霉菌
			病毒： 核型多角体病毒：茶尺蠖核型多角体病毒、甜菜夜蛾核型多角体病毒、苜宿银纹夜蛾核型多角体病毒、斜纹夜蛾核型多角体病毒、甘蓝夜蛾核型多角体病毒、棉铃虫核型多角体病毒 质型多角体病毒：松毛虫质型多角体病毒 颗粒体病毒：菜青虫颗粒体病毒
植物源农药	杀虫	9	苦参碱、鱼藤酮、印楝素、藜芦碱、除虫菊素、烟碱、苦皮藤素、桉油精、八角茴香油
	杀菌	3	蛇床子素、丁子香酚、香芹酚
矿物源农药	杀虫	3	矿物油、硫磺、硅藻土
蛋白或寡糖素	诱抗剂	6	葡聚烯糖、氨基寡糖素、几丁聚糖、香菇多糖、低聚糖素、超敏蛋白
生物化学农药	生长调节	4	芸苔素内酯、赤霉酸、吲哚乙酸、吲哚丁酸
	信息素/引诱剂	3	诱蝇羧酯（地中海实蝇引诱剂）、诱虫烯、梨小性迷向素（E-8-十二碳烯乙酯；Z-8-十二碳烯醇；Z-8-十二碳烯乙酯）
天敌生物	杀虫	3	赤眼蜂、平腹小蜂、捕食螨
抗生素类农药	杀虫	4	阿维菌素、多杀霉素、乙基多杀菌素、浏阳霉素
	杀菌	10	井冈霉素、春雷霉素、多抗霉素、嘧啶核苷类抗菌素、嘧肽霉素、宁南霉素、硫酸链霉素、申嗪霉素、中生菌素、长川霉素
	除草	1	双丙氨膦

附录二：

主要鲜食农作物
病虫害发生与防治用药对照表

表1-表7中列入了主要蔬菜、水果和茶叶等鲜食农作物生产不同时期病虫害发生及防治主要用药品种。其中，**用加粗字体表示的为生物农药**。使用者使用前应当认真阅读产品标签，按标签要求正确使用。

表1　十字花科蔬菜

作物生育期／用药品种／病虫害种类	种植期	苗期	卷心或结果期
白粉虱	噻虫嗪、吡虫啉、啶虫脒	噻虫嗪、氯氰·吡虫啉、啶虫·辛硫磷	
菜青虫、小菜蛾害虫、甜菜夜蛾等鳞翅目	—	**苏云金杆菌、苦参碱、短稳杆菌、蛇床子素、印楝素、苜蓿银纹夜蛾核型多角体病毒、阿维菌素**、高效氯氟氰菊酯、辛硫磷、高效氯氰菊酯、氯氰菊酯、溴氰菊酯、甲氰菊酯、氰戊菊酯、敌百虫、氟啶脲、顺式氯氰菊酯、除虫脲、灭幼脲、氟铃脲、丁醚脲、虫酰肼、甲氧虫酰肼、甲氨基阿维菌素、虫螨腈、茚虫威、氯虫苯甲酰胺	
蚜虫	啶虫脒、吡虫啉	**除虫菊素、鱼藤酮、桉油精、苦参碱**、啶虫脒、吡虫啉、高效氯氰菊酯、高效氯氟氰菊酯、抗蚜威、溴氰菊酯、氰戊菊酯	
黄条跳甲	—	氯氰菊酯、联苯菊酯、啶虫脒、马拉硫磷、氯氟虫腙	
蜗牛	—	四聚乙醛	
金针虫、蛴螬、小地老虎等地下害虫	辛硫磷	辛硫磷、氯虫苯甲酰胺、联苯菊酯、敌百虫	
蓟马	—	**多杀霉素**、阿维·啶虫脒	
霜霉病	—	百菌清、丙森锌、三乙膦酸铝、醚菌酯	
软腐病	—	**氨基寡糖素**、氯溴异氰尿酸、噻菌铜、噻森铜	
黑斑病	—	**嘧啶核苷类抗菌素**、苯醚甲环唑、戊唑醇	
炭疽病	—	吡唑醚菌酯	

表2 番　茄

作物生育期 / 用药品种 / 病虫害种类	苗期	开花结果期	成熟期
晚疫病	**氨基寡糖素、多抗霉素、几丁聚糖**、百菌清、丙森锌、嘧菌酯、氰霜唑、三乙膦酸铝		
叶霉病	—	**春雷霉素、多抗霉素**、氟硅唑、甲基硫菌灵、克菌丹、嘧菌酯	
灰霉病	—	**丁子香酚**、百菌清、啶菌噁唑、腐霉利、己唑醇、嘧霉胺、双胍三辛烷基苯磺酸盐、乙烯菌核利、异菌脲、啶酰菌胺	
病毒病	—	**氨基寡糖素、香菇多糖、几丁聚糖、葡聚烯糖**、辛菌胺醋酸盐、盐酸吗啉胍	
棉铃虫	—	甲氨基阿维菌素、虱螨脲	
粉虱	**矿物油**、吡虫啉、啶虫脒、联苯菊酯、氯噻啉、螺虫乙酯、噻虫嗪	**矿物油**、吡虫啉、啶虫脒、联苯菊酯、氯噻啉、螺虫乙酯	

表3 黄　瓜

作物生育期 / 用药品种 / 病虫害种类	苗期	开花结果期	成熟期
疫病	霜霉威、霜霉威盐酸盐、烯酰吗啉	烯酰吗啉	
霜霉病	**苦参碱、多抗霉素**、百菌清、丙森锌、代森锰锌、代森锌、二氯异氰尿酸钠、氟吗啉、福美双、喹啉铜、硫酸铜钙、氯溴异氰尿酸、嘧菌酯、氰霜唑、壬菌铜、噻霉酮、三乙膦酸铝、霜霉威、霜霉威盐酸盐、松脂酸铜、烯肟菌酯、烯酰吗啉、乙蒜素、代森联、吡唑醚菌酯		
白粉病	**枯草芽孢杆菌、几丁聚糖、硫磺、宁南霉素、多抗霉素**、百菌清、苯醚甲环唑、氟吡菌酰胺、氟硅唑、氟菌唑、福美双、己唑醇、甲基硫菌灵、腈菌唑、醚菌酯、双胍三辛烷基苯磺酸盐、戊唑醇、烯肟菌胺、唑胺菌酯、吡唑醚菌酯		
灰霉病	—	**木霉菌、多抗霉素**、腐霉利、啶酰菌胺、嘧霉胺	
黑星病	氟硅唑、腈菌唑、嘧菌酯		
斑潜蝇	**阿维菌素**、灭蝇胺		
蚜虫	啶虫脒、顺式氯氰菊酯、异丙威、氟啶虫酰胺、敌敌畏		
粉虱	吡虫啉、啶虫脒、噻虫嗪、异丙威、敌敌畏		

表4 苹 果

<table>
<tr><th>作物生育期
用药品种
病虫害种类</th><th>休眠期－萌芽前</th><th>发芽展叶期－开花期</th><th>幼果期－果实成熟期</th></tr>
<tr><td>腐烂病</td><td>丁香菌酯、甲基硫菌灵、络氨铜、噻霉酮、辛菌胺醋酸盐、抑霉唑</td><td>—</td><td>—</td></tr>
<tr><td>白粉病</td><td>—</td><td colspan="2">**硫磺、嘧啶核苷类抗菌素、**甲基硫菌灵、己唑醇、腈菌唑</td></tr>
<tr><td>斑点落叶病</td><td>—</td><td>吡唑醚菌酯、百菌清、苯醚甲环唑、丙森锌、代森锰锌、己唑醇、双胍三辛烷基苯磺酸盐、戊唑醇、烯唑醇、亚胺唑、异菌脲、代森联、多菌灵、醚菌酯、嘧菌环胺</td><td>**宁南霉素、多抗霉素、**百菌清、苯醚甲环唑、丙森锌、代森锰锌、己唑醇、双胍三辛烷基苯磺酸盐、戊唑醇、烯唑醇、亚胺唑、异菌脲、代森联、多菌灵、醚菌酯、嘧菌环胺</td></tr>
<tr><td>轮纹病</td><td colspan="3">**中生菌素、多抗霉素、**代森联、代森锰锌、多菌灵、甲基硫菌灵、碱式硫酸铜、克菌丹、喹啉酮、噻菌灵、戊唑醇、二氰蒽醌、氢氧化铜、异菌脲、氟硅唑</td></tr>
<tr><td>炭疽病</td><td>—</td><td colspan="2">代森联、代森锰锌、多菌灵、福美双、福美锌、咪鲜胺、溴菌腈</td></tr>
<tr><td>蚜虫</td><td>—</td><td colspan="2">**矿物油、阿维菌素、**吡虫啉、啶虫脒、氟啶虫酰胺、溴氰菊酯、氰戊菊酯、敌敌畏、乐果</td></tr>
<tr><td>叶螨</td><td></td><td colspan="2">**阿维菌素、**炔螨特、四螨嗪、哒螨灵、联苯菊酯、双甲脒</td></tr>
<tr><td>桃小食心虫</td><td>—</td><td colspan="2">**金龟子绿僵菌、阿维菌素、** 高效氟氯氰菊酯、甲氰菊酯、氯氰菊酯、氰戊菊酯、辛硫磷、溴氰菊酯、氯虫苯甲酰胺、联苯菊酯、高效氯氰菊酯、S-氰戊菊酯</td></tr>
<tr><td>杂草</td><td>—</td><td colspan="2">草甘膦、敌草快、乙氧氟草醚、莠去津</td></tr>
</table>

表5 柑 橘

作物生育期 / 用药品种 / 病虫害种类	采果后－春芽萌动期	春芽期－谢花期	生理落果期－果实成熟期
树脂病	—	代森锰锌、克菌丹	
疮痂病	—	**硫磺**、百菌清、苯菌灵、苯醚甲环唑、代森联、代森锰锌、硫酸铜钙、络氨铜、嘧菌酯、噻菌铜、烯唑醇、亚胺唑	
溃疡病	—	**春雷霉素**、 琥胶肥酸铜、碱式硫酸铜、硫酸铜钙、络氢氧化铜、噻菌铜、噻唑锌、乙酸铜、松脂酸铜、王铜、噻森铜	
炭疽病	—	丙森锌、代森锰锌、多菌灵、嘧菌酯、松脂酸铜、咪鲜胺、咪鲜胺锰盐	
蚧类	**矿物油**、噻嗪酮、松脂酸钠、硝虫硫磷、 螺虫乙酯、双甲脒、稻丰散、喹硫磷、高效氯氰菊酯		
螨类	**阿维菌素**、炔螨特、 四螨嗪、双甲脒、乐果、三唑锡		
蚜虫	—	**矿物油**、吡虫啉、啶虫脒、、氯噻啉、马拉硫磷、噻虫嗪、烯啶虫胺、乐果、溴氰菊酯	—
杂草	—	2,4-口二甲胺盐、苯嘧磺草胺、丙炔氟草胺、草铵膦、草甘膦	—

表6 葡 萄

作物生育期 / 用药品种 / 病虫害种类	苗期	幼果期	着色期	成熟期
黑痘病	—	百菌清、氟硅唑、代森锰锌、咪酰胺、嘧菌酯、噻菌灵、亚胺唑		—
灰霉病	—	双胍三辛烷基苯磺酸盐、腐霉利、嘧菌环胺、啶酰菌胺、异菌脲、嘧霉胺		
白粉病	**嘧啶核苷类抗菌素**、百菌清、己唑醇、甲基硫菌灵		—	—
霜霉病	丙森锌、代森锰锌、百菌清、氧化亚铜、嘧菌酯、 氰霜唑、烯酰吗啉、硫酸铜钙、克菌丹、双炔酰菌胺、嘧菌酯、醚菌酯			
炭疽病	—	苯醚甲环唑、咪酰胺、腈菌唑、氟硅唑、烯唑醇		
白腐病	—	代森锰锌、福美双、嘧菌酯、氟硅唑、戊唑醇		
一年生杂草	莠去津		—	—

表 7　茶　树

作物生育期 / 用药品种 / 病虫害种类	越冬休眠期	早春期	春茶期	夏茶期	秋茶期
炭疽病	—	—	—	百菌清、苯醚甲环唑、代森锌 吡唑醚菌酯	
茶饼病	**多抗霉素**		—	—	—
茶橙瘿螨	—	—	**矿物油**、炔螨特		**矿物油**、炔螨特
茶小绿叶蝉	—	—	**球孢白僵菌**、茚虫威、吡蚜酮、联苯菊酯、噻嗪酮、高效氯氰菊酯、噻虫嗪、吡虫啉、溴氰菊酯、高效氯氟氰菊酯		
蚜虫	—	氯菊酯、溴氰菊酯、乐果		—	—
黑刺粉虱	—	联苯菊酯、溴氰菊酯			—
卷叶蛾	—	溴氰菊酯			—
茶尺蠖	—	**蛇床子素**、除虫脲、溴氰菊酯、敌百虫、高效氯氟氰菊酯、高效氯氰菊酯、氯氰菊酯、敌敌畏、联苯菊酯、甲氰菊酯		—	—
刺蛾	—	—	敌百虫、溴氰菊酯		
茶毛虫	**苏云金杆菌、印楝素、苦参碱**、氯菊酯、联苯菊酯			—	—
蚧	—	马拉硫磷	—	马拉硫磷	—
象甲	—	—	马拉硫磷、联苯菊酯		—
一年生杂草和多年生恶性杂草	草甘膦	—	—	—	—

附录三：

科学使用生物农药口诀

生物农药是个宝，科学种田离不了。
动物植物微生物，天然物质做原料。
杀虫防病选择它，人畜安全又环保。
蔬菜果树和茶叶，用后农残不超标。
生态友好又经济，增产增收效益高。

选购产品有诀窍，特性要求掌握牢。
不要只听瞎忽悠，识假辨劣最重要。
植物矿物微生物，效果虽慢能治本，
使用剂量较大的，小包装的多为假，
若吹产品有速效，商家误导防上当。
微生物药不易贮，保质期长不可靠。
选药一定要注意，过期失效用无效。
贮存一定避阳光，光照强烈菌死亡。
某些品种针对强，其他害虫不能防。
名称末尾带素字，使用如同化学药。
价差悬殊同“类”药，这种产品不能要。
质量保证是基础，然后才有好防效。

生物农药技术强，科学使用要求高。
预防为主要记牢，使用时期特重要，
病虫未发或初发，及早预防效果好，
病虫突发危害重，化学农药打头炮；
生物农药配合用，标本兼治能做到。
农民朋友要记牢，生物农药前景好。

参考文献

[1]沈寅初，张一宾.生物农药.北京：化学工业出版社，2000.

[2]吴文君，高希武.生物农药及其应用.北京：化学工业出版社，2004.

[3]王以燕，袁善奎，吴厚斌，等.我国生物源农药应用发展现状.农药，2012,51（5）.

[4]魏启文，刘绍仁.2011，农药识假辨劣与维权.北京：中国农业出版社，2001.

[5]魏启文，刘绍仁.农药经营人员读本.北京：中国农业大学出版社，2012.